浪花朵朵

我们与它们

[捷克] 帕芙拉·哈娜科夫娃 著

[俄罗斯] 达莎·列别舍娃 绘

郑寅颖 译

中国友谊出版公司

目录

一直以来，我们人类认为自己比其他动物更厉害，因为我们会使用工具、修建结构复杂的建筑、掌握各种语言，最重要的是，我们拥有丰富的感情，而动物的行为好像更多来自它们的本能。

从20世纪60年代开始，人们的观念逐渐发生了改变。研究野外动物的科学家们发现，动物和人类有很多相似之处。英国动物学家珍妮·古道尔（Jane Goodall）观察发现，黑猩猩会使用木棍或者石头等工具寻找更美味的食物。

随着研究的深入，越来越多有趣的真相开始浮出水面。科学家们不仅发现了动物与人类之间有越来越多的相似之处，还开始对它们做不同类型的实验，其中就有动物的镜子测试*。实验结果显示，有些动物和人类小孩一样，能够意识到镜子中的影像就是它们自己。

然而，一些公认的非常聪明的动物，比如章鱼，却没有通过这个测试。这是怎么回事呢？也许这个实验根本说明不了什么问题！因为科学家们在做实验的时候，会用人类的反应标准来评估动物的行为，但是很多动物的感觉器官和人类是完全不同的，这样的实验结果当然不准确了。

*镜子测试：科学家在动物面前摆放一面镜子，测试它们能否分辨自己在镜中的影像。

让我们平等地看待动物，多多关注我们与它们的共同之处吧。我们必须承认，人类在某些方面确实比动物更胜一筹，毕竟没有动物能去太空旅行、写一本书或者创作艺术作品。但是动物在许多领域比人类更加精通，在一定程度上，如果没有动物给我们提供的灵感和帮助，人类也许无法获得如今的成就。

人类和动物生活在同一片天空下。人们彼此交流、建立联系、体验不同的情感。动物和我们一样，也能感受到爱与快乐，甚至还会与同伴争吵。白蚁家族的成员一起居住在它们建造的巢穴里；乌鸦会制造工具来帮助自己摆脱困境；大象们一起玩耍，互相表达爱意，当群体里失去一个伙伴的时候，它们会集体默哀。

人类是唯一能够创造未来，同时也能永久毁灭美好的物种。如果因为我们无知的优越感而破坏了美丽的大自然，那将是极大的遗憾。让我们更好地了解身边的动物，用善意和尊重来对待它们吧！

我们耕种

千百年来，农业一直与人类的生活密不可分。经验丰富的农民种植各种各样的作物，给全世界的家庭提供食物。我们在耕种的时候有许多帮手，比如代替人力的动物和农具，它们能帮我们节省很多时间和精力。不过人类可不是唯一会耕种的物种，如果给不同的动物掌握种植技术的时间排个先后顺序，人类只能排第四名！

我们借助工具让耕种更容易、更有效率。

小麦、玉米和水稻是全世界种植最广泛的作物。

一开始，人类靠采摘和捕猎来获取食物，避免挨饿。当生活的地方没有果实可以采摘，也没有动物可以捕猎的时候，他们就要搬到其他的地方生活了。

一万两千多年前的史前人类发现他们可以自己种植作物，从那以后他们的生活发生了天翻地覆的改变——人类可以在某个地方定居了！这都要感谢耕种带来的充足食物！

后来，人类学会了驯养野生动物。他们开始饲养绵羊、山羊和各种牛，这些动物不仅能给人类提供肉和奶，还能帮助人类耕种。

切叶蚁的种植技术在5000万年前就已经非常成熟了，与这些蚂蚁相比，人类在种植领域只能算外行！切叶蚁中的一部分工蚁把大量的树叶碎片带到地下城，这些叶片会被用来培养它们喜欢吃的真菌，另一部分工蚁把咀嚼过的树叶碎片、唾液和排泄物混合在一起，制作培养真菌的肥料，让真菌能够快速生长。除了切叶蚁，还有很多动物喜欢园艺、种植甚至饲养其他的动物，动物农民和人类农民一样优秀！

切叶蚁不需要借助工具，只用它们的牙齿就能很快地把树叶切成碎片。

工蚁们每天都要这样来回搬运好多次。

雀鲷住在海底的珊瑚礁区域，那里是它们的"农场"，它们在那里种植自己喜欢吃的海藻，还会清理其他妨碍海藻生长的水草。它们勇敢地保卫自己的"海藻农场"，甚至还会攻击那些偷吃海藻的家伙！

雪人蟹生活在深海的热泉区，它会特意让一些可食用的细菌生长在自己毛茸茸的蟹钳上，然后再用像梳子一样的嘴巴梳理蟹钳，吃掉它们。

蚂蚁会饲养蚜虫，就像人类饲养牛一样。蚜虫能分泌甜甜的蜜露供蚂蚁食用；蚂蚁则会给蚜虫提供保护，让它们能够尽情享用植物的汁液。

我们玩耍

人类喜欢玩耍，尤其是孩子们特别喜欢做游戏。游戏活动不仅可以帮我们打发时间，还对身体的生长发育有很多好处。通过做游戏，我们能学习新的技能、培养社交能力，还能更好地了解周围的世界。在日常生活中，游戏的种类变得越来越丰富，生活在不同年代的孩子们，玩的游戏也不一样。幸运的是，人类的童年阶段比其他动物的幼年时期要长，这意味着我们有很长的时间来玩各种各样的游戏！

孩子们喜欢玩追逐游戏和捉迷藏游戏。

每个孩子都需要玩耍，玩耍对孩子们来说，就像吃饭和睡觉一样重要。

在孩子年龄很小的时候，爸爸妈妈就可以和他们一起做游戏了。玩游戏的时候，孩子的全部感官都会参与其中，这样做不仅能获得快乐，还能促进孩子的全面发展。

年龄稍大一些的孩子，大脑发育得更加成熟，他们会在做游戏的时候尽情释放自己的想象力。在孩子的想象中，一根棍子就可以当作宝剑去和巨龙战斗，而柔软可爱的布娃娃正适合来参加下午的茶话会。

即使是成年人也很喜欢玩游戏，只是他们玩的游戏和孩子们玩的有些不同——成年人喜欢和家人、朋友一起玩棋类游戏或者纸牌游戏！

动物宝宝们也很喜欢玩耍，无论是哺乳动物的宝宝，还是鸟类或爬行类动物的宝宝，都不例外。动物们有时会自己玩，有时会和父母、朋友一起玩，它们大部分的时间都用来玩耍，其中最常见的游戏形式就是追逐打闹。动物宝宝在做游戏的时候，可以熟悉和探索身边的陌生环境，还能锻炼它们的身体和大脑。最重要的是，玩耍很快乐！

大象的幼年时期非常长，所以它们可以尽情地玩耍和嬉戏。

大象之间可以互相交流，它们摇头就是在邀请同伴一起做游戏！

猫咪是天生的捕猎高手，几乎任何会动的东西都能吸引它们的注意力。猫咪最喜欢玩"抓住猎物再放掉"的游戏，这有可能是它们在练习捉老鼠呢！

一些雌性的黑猩猩宝宝喜欢收集树枝或者鹅卵石，把它们当作自己的"布娃娃"。黑猩猩宝宝会照顾这些"布娃娃"，抱着它们到处玩，甚至哄它们睡觉。这些黑猩猩长大后一定会是非常优秀的妈妈！

成年海豚喜欢玩一种有趣的游戏：它们在水里把海藻当成玩具球，互相传来传去。这个游戏不仅有趣，还能帮助它们增进感情。

很长时间以来，我们认为只有人类才会使用工具。多亏了祖先的身体进化，我们拥有了能直立行走的双腿、灵巧的双手和聪明的大脑，这也让我们能得心应手地使用各种工具。但是现在我们知道，动物不仅会使用工具，还会制造简单的工具。不过我们人类仍然比动物领先一步，因为我们会进行复杂的思考，发明出让生活更加高效便捷的工具。

我们使用工具

工具能帮助我们做出更多的美食。

我们身边到处都是工具。

我们从很小的时候就开始学习使用不同的工具了，经过一次又一次的练习，我们能更熟练地使用它们。比如，孩子们一开始都是用勺子吃饭的，然后慢慢练习使用刀叉、筷子。

一开始，我们的祖先并不擅长使用工具，他们的动手能力和其他灵长类动物差不多。但是随着他们的大脑不断进化，手变得越来越灵活，就可以越来越熟练地使用工具了。

从简单的陶艺转盘，到工厂中生产出来的成千上万台复杂机器，人类能够发明出制造其他工具的"复杂工具"！

很多生活在野外的动物也会使用工具，除了哺乳动物，鸟类、鱼类、螃蟹和一些软体动物，比如章鱼，都会使用简单的工具。有一些动物天生就会使用工具，有一些动物却要通过后天的学习才能获得这个技能。为什么人类和动物都要学习使用工具呢？因为有了工具的帮助，我们的日常生活会更加方便，而且有些工具还可以帮我们远离危险。不过只有最聪明的动物才会制造复杂工具和改进工具，比如我们人类。

黑猩猩用石头砸开坚果坚硬的外壳，获取果仁。

对于猩猩来说，树枝是捕捉白蚁的绝佳工具，树叶可以当作喝水的杯子或者卫生纸。

条纹章鱼生活在海床附近，那里没有可以藏身的地方，所以它们经常随身携带对半分开的椰子壳。当它们遇到危险的时候，就躲到坚硬的"堡垒"里保护自己。

动物们必须用手来操作工具吗？当然不是啦！许多鸟类和鱼类在获得难以打开的食物后，会把食物叼在嘴里，然后用力向坚硬的地方摔打，直到食物被摔开。

新喀鸦还会把普通的工具改良得更好用——它们用尖尖的喙把树枝一端"雕琢"成鱼钩的形状，这样就能用工具精准地捕食藏在树干里的虫子了。

我们工作

每天清晨，成千上万的成年人推开家门出去工作。有些人在户外工作，还有些人在室内办公。

如果仔细观察，你会发现我们周围有各种不同的职业。三百六十行，行行出状元。正是因为有了各行各业劳动者的付出，我们的生活才会多姿多彩。不管是当一位老师，还是做一名快递员，享受这份工作就是最幸福的劳动者！你长大后想从事什么职业呢？

警察

小吃摊摊主

环卫工人

我们工作赚来的钱可以给家人提供食物、住所和安全保障。工作占据了我们很多的时间，所以我们要更加珍惜与家人团聚的时光。

有些工作能够帮助到别人，比如说医生，从事这份工作的人要有很强的责任心。在开始工作前，我们需要学习从事这份工作时会用到的专业知识。

在一些创造性的行业中，我们可以把自己的想法变成现实。比如，设计师可以把自己的想法画成一张设计图，建筑工人再根据设计图建造出一座拔地而起的高楼。

动物也需要工作吗？答案是肯定的，只不过它们的工作方式和人类不太一样。那么动物的工作内容是什么呢？它们最常见的工作就是为自己和家人寻找食物，还有保护自己的安全。很多动物在保护生态平衡方面扮演了重要的角色，不管是在水中还是在陆地上，到处都能看到动物巡视员、动物清洁工、动物保安和动物园丁。不过如果它们赖以生存的家园被破坏或者被毁灭，那么它们的工作成果也就付之一炬了。

狐獴是一种群居动物，每一位成员都有自己的工作。

守卫

保姆

捕食者

鸟妈妈有一份非常重要的工作——日复一日地为鸟宝宝提供食物和保护。它们必须做好这份工作，不然它们的孩子就无法生存。

濑鱼经营着一个"清洁站"，它们为海洋动物们提供舒适健康的清洁服务。游进一条海鳗的嘴里清理赘生物可是需要很大勇气的，作为回报，那些"顾客"不会吃掉它们！

河狸修筑的堤坝不仅能方便自己搭建住处，还能为附近的生态环境做出贡献。河狸坝可以抵御洪水、缓解干旱，为其他生物提供更好的生存环境。

人类婴儿和动物幼崽有什么不同呢? 人类婴儿出生后完全依赖于父母, 如果没有父母的照顾, 婴儿就无法生存。这是因为人类婴儿出生时还没有完全发育成熟, 他们来到这个世界后, 还会再慢慢地长大。他们的肌肉变得越来越强壮, 大脑变得越来越发达, 同时还要学习各种各样重要的生存技能。人类的育儿方式在自然界是独一无二的, 其他的动物可不会像人类一样, 花费这么长的时间来照顾自己的孩子。

我们的家庭

小宝宝在妈妈的怀里感到很安全。

小宝宝什么都不会做, 他们不会跑跳, 不会自己吃饭, 也不会说话。

小宝宝出生前要在妈妈的肚子里待上10个月左右, 等到小宝宝出生, 他就会由爸爸妈妈共同照顾了。

一开始, 小宝宝需要父母全方位的照顾。爸爸妈妈会保护、喂养、照顾自己的孩子, 然后再慢慢教孩子自己做这些事情。

有些家庭里有很多个孩子, 他们是一个充满爱的大家庭!

动物界中有各种各样的养育模式。有些动物只由妈妈照顾幼崽，有些动物由父母共同养育幼崽，还有些新生幼崽甚至从来没有见过自己的父母。哺乳动物是最负责任的父母，它们会精心照顾自己的幼崽。因为哺乳动物用乳汁哺育幼崽，所以它们有更长的时间来照顾孩子，并教会它们必备的生存技能。在父母的精心养育下长大的动物通常会更聪明，猿类就是一个很好的例子。许多动物幼崽一出生就已经完全发育好了，它们不需要额外的照顾就能独立生活。

猩猩妈妈会照顾它的孩子长达8年！直到小猩猩可以完全独立生活，猩猩妈妈才会再孕育其他的孩子。

小猩猩出生后会抓着妈妈胸前的毛发，这样更方便猩猩妈妈哺育、照料，猩猩妈妈还能带着它们跑来跑去。

海马爸爸是动物界中当之无愧的"好爸爸"，海马妈妈把卵产在海马爸爸的育儿袋中，然后卵就会在海马爸爸的育儿袋中被孵化，直到发育成熟小海马才会出来。

许多动物出生不久后就能适应野外的生存环境独立生活。小长颈鹿出生一个小时后就能自由奔跑啦！

有些动物会收养被遗弃的同类幼崽，不过会这样做的通常是那些失去了孩子或者还没有孩子的雌性动物，这种收养行为在北象海豹中非常常见。

人类喜欢和同伴交谈。借助语言，我们可以表达自己的想法、感受、欲望和需求，还能传递关于我们自己和周围环境的信息。人类的语言由具有意义的词语组成，这些词语按照一定的规则组成句子。我们不是生下来就会说话的，如果没有后天的学习，我们也无法掌握母语。刚开始学习一门语言的时候，我们的语言系统会有些混乱，不过很快就能调整过来了！

我们互相交流

我们可以谈论已经发生的事情，也可以畅想未来。

我们说话的时候通常会伴随着肢体动作，有些手势或者姿势可以增强语言的感染力，而且肢体语言可以帮助别人更好地理解我们的想法。面部表情也会反映我们内心的真实感受哦！

说话和写字都可以让我们顺畅地交流。多亏了文字的出现，我们才能写信、发邮件、发短信，和远在天边的人聊天。

聋哑人彼此交流没有任何困难，因为他们会用手语"说话"，还能解读对方的唇语，这是他们使用的特殊语言。

有一些人认为，人类与动物的区别在于人类有创造语言和使用语言交流的能力，而动物不会说话。可是动物之间不需要语言也能顺畅地交流，它们通过声音、面部表情甚至肢体动作，传递它们想表达的一切。只不过动物们交流的内容似乎很有限，因为它们只能交流当下发生的事情。但是谁又能百分之百地确定呢？也许动物们之间还有更复杂的交流方式呢，只不过我们现在还没有发现。

在不同的情境下，鸟会发出不同的叫声。

紧急情况下高声尖叫

饥饿时大声啼叫

求偶时歌声优美

许多动物会使用面部表情、肢体动作或者手势来表达它们的感受。比如，马的面部表情可以表达害怕、快乐和好奇的情绪。

动物的感觉器官非常发达，有的动物可以通过气味来交流，有的动物通过身体接触来交流。树袋熊同时使用这两种方式——它们用气味发送信息，然后互相蹭蹭鼻子来打招呼。

有些动物甚至可以在黑暗中交流——萤火虫通过发光的腹部来吸引同伴，就好像在说："咱们一起玩吧！"

我们展示自己

有些人天生害羞，不喜欢引人注意；有些人却善于抓住每一个展示自己的机会。有的时候，这两种性格会出现在同一个人身上。当我们喜欢一个人的时候，就会精心地梳洗打扮，努力吸引对方的注意力，希望能和心上人度过一段美好的时光。有些人会大方地说出自己对对方的好感，有些人会用实际行动赢得对方的好感。

你需要付出努力才能获得心上人的青睐，有的时候一朵鲜花或者一份礼物会让追求事半功倍。

无论是男人，还是女人，都希望在喜欢的人面前充满吸引力。许多女人喜欢化妆，好让自己看起来更漂亮。

跳舞是释放魅力的好机会。很多情侣喜欢一起跳舞，尝试各种各样的舞姿。一对默契的舞伴很有可能也是一对情侣哦！

在很久以前，两位骑士会为了赢得同一位姑娘的芳心进行决斗，但是现在大家不会这样做了。

在动物界，只凭心动很难顺利地找到配偶，雄性动物必须要在激烈的竞争中吸引异性的注意力。动物们有很多展示自己的方法，有些雄性动物会慢慢地获得对方的青睐，而有些家伙就没有这么幸运了。如果雄性动物的外形、气味、歌声、舞蹈甚至礼物都没能引起追求对象足够的兴趣，那它只能换个新的追求对象了。雌性动物只会选择最优秀的雄性组建家庭。

雄性园丁鸟会建造一个小小的"婚房"——求偶亭，来吸引雌鸟。

精心装饰的求偶亭会吸引雌鸟的注意力，当雌鸟进入亭子里，雄鸟的求偶就成功了。

雌狒狒会用一种独特的方式让自己变得更有吸引力。当雌狒狒想要吸引异性的时候，它们的臀部会膨胀起来，变成醒目的红色。

在求偶的过程中，雄性孔雀蜘蛛会用舞蹈吸引异性的注意力。雄性孔雀蜘蛛就像"孔雀开屏"一样，不断地左右摇摆身体，展示它美丽的腹部。哪个雌性孔雀蜘蛛看到这样的场景会不心动呢？

有的时候，求偶行为也会很激烈。两只雄性野牛拱起身子，用牛角相互推挤，胜利的一方才能够赢得雌性野牛的芳心。

我们学习

人类是具有好奇心的生物，我们一生都在学习。我们学习独立生活的必备技能，也学习演奏乐器这类能让我们感到快乐的技能。一出生，父母就教给我们生活常识和生活技能。进入学校后，老师给我们传授各种有趣的知识。我们还可以通过观察和模仿，获取更多的知识和技能。当然了，如果有别人指导，我们会进步得更快。

老师用丰富的知识和经验帮助我们学习。

我们会从不好的事情或者受伤的经历中吸取教训，幸运的是，我们的大脑会记得之前发生的事情，让我们不会再犯同样的错误。

当我们遇到新的问题时，可以想一想之前有没有遇到过类似的情况。我们善于利用以往的经验来解决新的问题。

学习的成果可以给我们留下深远的影响，我们会把已有的经验和当下的环境结合起来。比如，当我们想到自己喜欢吃的食物的时候，经常就会感觉肚子饿了。

动物和我们人类一样，尽管它们天生就有生存的本能，但是仍然有许多东西需要学习。与我们不同的是，动物不需要上学，所有重要的知识都是父母传授给它们的。当动物幼崽逐渐长大，它们会观察家族中其他成员的行为，通过模仿来学习需要掌握的技能。如果动物幼崽被关在笼子里，在没有父母的环境下独自长大，那么它们就不会拥有在野外谋生的技能了。比如，在圈养环境中出生长大的黑猩猩，如果没有人类或者同伴的帮助，它们是不会自己筑巢的。

在熊家族中，熊妈妈扮演了老师的角色，熊宝宝要跟着妈妈学习寻找食物、爬树和游泳，这些都是作为一只熊必须具备的技能。

动物也会从失败的经验中吸取教训。如果一只调皮的狗咬了豪猪，豪猪身上的刺就会给它留下疼痛的教训，下次它绝对不敢再靠近豪猪了！

生活在日本的乌鸦会把行驶的汽车当作它们的"坚果钳"。乌鸦趁着红灯亮起的时候把很难打开的坚果扔在马路上，让行驶的汽车从坚果上碾轧过去。等到下一个红灯亮起的时候，它们就会飞过去收集已经被碾开的坚果了。

在我们一次又一次地重复某些动作后，动物就会学习并总结出这些行为之间的联系。比如，当豚鼠看到笼门打开，它们就会下意识地开始寻找食物。

每个人都有自己擅长做的事情，有的人精通数学，有的人在运动或者艺术领域特别厉害，还有的人做饭很好吃。但是我们不得不承认，有一些人的天赋要比大多数人更突出，他们付出了常人难以想象的努力，通过不断磨炼技艺，最后一鸣惊人。如果你也想成为那个万众瞩目的人，那就拼尽全力去追逐梦想吧！

魔术师有创造奇迹的天赋，他们可以从一顶空帽子里变出一只鸽子！

我们拥有天赋

杂技演员的身体像面条一样柔软，他们可以轻松地做出劈叉或者翻跟头的动作，有的人甚至还能用脚尖够到自己的鼻子！不过这些精彩的表演需要演员们在幕后付出巨大的努力。

如果一名运动员比其他的运动员更优秀，那他就能创造世界纪录了。有些运动员跑得非常快，他们甚至追得上一辆在城市道路上行驶的汽车。

优秀的演员有很好的模仿能力，无论是人、动物，还是静态的物体，他们都能模仿得惟妙惟肖。

尽管动物们不会觉得自己有过人之处，但是许多动物都有自己的独门绝技。动物有着不同于人类的身体构造和发达的感官，这就意味着它们可以做一些人类做不到的事情。比如，有的动物有超群的视觉、灵巧的身体或者令人类望尘莫及的移动速度。让我们一起来认识一些天赋异禀的动物选手吧，或许它们能激发我们更多的灵感，让我们获得一些新的发现。

在没有危险的情况下，拟态章鱼会改变颜色，隐藏在铺满沙子的海床中。

拟态章鱼是真正的"魔术师"，它们可以模仿超过15种不同的动物。在遇到危险的时候，拟态章鱼可以改变身体的形状和颜色，躲避猎食者的追捕。

虽然猫头鹰的眼睛不能随意转动，但是它的头可以自由旋转约270度。所以，即使猫头鹰背对着你，它仍然可以看得到你哦！

双嵴冠蜥虽然不是跑得最快的动物，但是它有自己的绝活儿——"水上漂"。它能够在水面上奔跑，用这个特殊的招式来逃脱危险。

当你漫步在郁郁葱葱的森林里，忽然听到汽车启动声、警报声或者婴儿啼哭声的时候，不要害怕，这八成是琴鸟的"杰作"，它可以模仿人类生活中的很多种声音。

早在远古时期，我们的祖先就懂得"团结力量大"这个道理，合作比单打独斗能获得更多、更好的资源。大家一起战胜大型野兽，分享食物，然后建立一个族群。从古至今，合作的理念一直在延续，合作可以让人们更加高效、快速地完成工作。

我们共同合作

在几千年前，狗就是人类最好的朋友。

狗能保护我们，还能帮助我们。它们可以配合警察、救援队完成工作，还可以协助残疾人出行和生活。

无论是建造一座房屋，还是在办公室里工作，当人们开始团队合作的时候，大家的工作效率都会提高。一份工作圆满完成了，团队中的每一个成员都发挥了各自的作用！

特别是在遇到困难的时候，人们会搁置分歧、团结一心，共同为一个目标努力：帮助有困难的人或者动物。

有很多运动也需要合作，比如足球、曲棍球和接力跑，每一个成员都会竭尽全力为团队的成功付出努力。如果团队中有人松懈的话，整个团队都无法取得胜利。

有些动物喜欢独处，不愿意和同伴一起生活；还有许多动物善于合作，它们发现通过合作可以让生活更美好。合作不只局限于同类的动物，不同种类的动物之间也可以相互合作，最好的团队合作能让大家都获得好处。在自然界中，很多动物和植物之间也有紧密的合作关系。

红嘴牛椋鸟和很多生活在非洲大草原上的动物都是朋友。

红嘴牛椋鸟帮助斑马清洁毛发，去除蜱虫。作为回报，斑马身上的小虫子可以让鸟儿们饱餐一顿！

蜜蜂是典型的团队合作型动物，每个蜂巢里有上万只蜜蜂，它们分工明确，共同维护蜂巢的正常运转。

动物也会无私地帮助对方。当象群中有成员受伤，或者有小象摔倒的时候，象群中的其他成员就会聚集过来帮助它。

群居动物在狩猎的时候一般会一齐出动，比如在狼群狩猎的时候，每只狼各司其职，捕获猎物后大家一起分享。

如果我们想让自己的身体更加健康、强壮并且精力充沛，有一些重要的注意事项需要我们遵守：在清新的环境中做适量的运动；坚持健康的饮食；保持个人卫生也很重要（这一点我们需要向猫咪学习，它们每天会花上几个小时的时间，用舌头清理自己的毛发）。照顾好自己也意味着要劳逸结合，无论是在舒适的床上睡一觉，还是在游泳池里游泳放松，都是不错的选择！

我们照顾自己

我们长时间待在阳光下的时候，要给露在外面的皮肤涂一层防晒霜，以免被紫外线晒伤。

我们生病的时候需要充足的休息，让身体内的免疫系统有精力去对抗病毒。药物能帮助我们缓解不适，但是当休息和药物都不管用的时候，我们就需要去看医生了。

一些看起来很简单的举动，比如规范地洗手，就可以帮助我们预防很多种疾病。双手涂满肥皂，仔细地搓洗手上的每一寸皮肤吧！

有的时候，我们的身体需要放松一下。有的人喜欢通过阅读来放松，有的人喜欢泡个热水澡来放松。适当的放松和休息对我们的身体健康非常重要。

动物们几乎每天都呼吸着新鲜的空气，吃着对身体有益的纯天然食物，努力保持健康的生活方式。但是不同于人类社会，野外没有药物、护肤品和美容中心，当动物们感觉不舒服的时候，它们会怎么做呢？动物们需要的一切资源都来自大自然，而这些自然"产品"的效果往往都非常好，我们甚至可以借鉴它们的方法，运用到人类社会中。比如，当动物的肠胃不舒服的时候，它们会有针对性地吃一些有利于消化的食物。

犀牛喜欢在泥浆里打滚儿，泥浆能保护它们的皮肤不被烈日晒伤，等身上的泥浆晒干后，还能防止昆虫叮咬。

如果动物吃坏了肚子该怎么办呢？野外可没有医生，它们必须自己照顾自己。黑猩猩会咀嚼一种苦味的野菜，小狗会吞下一些草，而鹦鹉会通过吃黏土来缓解腹痛。

蝙蝠很会打理自己，它们用舌头来舔舐和清洁自己的翅膀和身体，再用被口水浸湿的翅膀尖代替舌头来清洁耳朵。

动物也喜欢享受生活，比如河马就是"水疗爱好者"——它们躺在水里，享受着小鱼们提供的肌肤和牙齿清理服务。服务结束后，河马就会心满意足地离开。

人类热衷于建造房屋，因为这样我们就可以与家人安全地生活在一起。无论是山洞、小屋、公寓，还是宏伟的别墅，家永远是我们和爱的人共度漫长时光的地方。有些人住在闹市区的公寓里，有些人更喜欢住在安静的乡村。还有一些人，他们更喜欢随处安家，他们拥有便携的家，可以很方便地停留在任何想停留的地方。即使在今天，世界上还有一些部落保留着非常原始的生活方式。

我们建造房屋

城市里有很多高楼大厦，生活在城市中的人们就居住在那里。

人类是非常聪明的建造者，我们会根据需求搭建适合自己的住宅。比如，突尼斯的一些人现在仍然居住在类似窑洞的房子里。

土著人很擅长利用现有的自然资源，他们会就地取材，建造简单又实用的房屋。比如，生活在北极地区的因纽特人能用冰块建造房子。

到处放牧的人被称为游牧民族，生活在沙漠地区的游牧民族会利用骆驼来搬运帐篷。帐篷就是他们的家，这些帐篷既容易搭建，也方便携带。

大多数动物的家既隐蔽又安全，家可以为它们遮风挡雨、抵御危险，在那里它们可以安心地抚养下一代。一些动物会利用现有的自然资源，把家安在洞穴、岩石裂缝或者树洞里，还有一些狡猾的动物会住在其他动物遗弃的洞穴或者巢穴中。有些动物是天生的"建筑师"，它们能建造出结构精巧的住所，即使人类也只能自叹不如。对于那些习惯了迁徙的动物来说，家人在哪里，哪里就是它们的家。

白蚁生活的土堆中有许多相互连通的房间和通道，甚至还有通风口呢！

一个白蚁丘相当于一个微缩的城市，它最高可以达到8米。

这个蚁丘里生活着数百万只白蚁。

有的动物不会筑巢，但是它们有别的办法寻找住处。浣熊一家住在中空的树干里，对它们来说，这里就是最棒的家！如果找不到中空的树干，其他能够遮风挡雨的地方也可以将就住下。

收割鼠用草片编织巢穴，再把它悬吊在高大的植物根茎之间。在这个了不起的小巢里，收割鼠最多可以养育8只幼崽！

有些动物不止有一个家，尤其是那些需要迁徙的动物。许多候鸟会在冬季飞往温暖的地方，天气转暖后再返回原来的栖息地。

我们交朋友

孩子们喜欢和同伴一起玩，有的孩子拥有两三个知心好友，有的孩子和很多人都合得来。小时候，交朋友是一件非常容易的事情，随着年龄的增长，我们的朋友圈却越来越小，越来越固定，因为我们更喜欢和观点相同、兴趣相投的人成为朋友。朋友也有亲疏远近，最好的朋友就像我们的亲人一样，他们会永远与我们站在一起。

我们把最亲近的朋友称为"闺蜜"或者"兄弟"。

有些从小一起长大的朋友会与我们相伴到老。友谊会让人长寿，因为我们和朋友在一起总能感到快乐。

友谊并不总是美好的，我们有的时候也会与朋友发生争吵，伤害彼此的心。不过我们不应该把朋友当成敌人，朋友之间的争吵是正常的，大家可以先冷静下来。

大家可以搁置分歧、重归于好吗？当然可以！办法非常简单：我们只需要真诚地说出自己的感受，解决问题，大家就可以重新做回朋友了。

虽然在动物界里有很多"高冷"的独居者,但是还是有不少动物喜欢和同伴生活在一起。换句话说,动物也喜欢交朋友。这些动物包括灵长类动物、牛、大象、蝙蝠、火烈鸟,甚至是蛇!和人类相似,有些动物也会从自己的群体中筛选一些同伴作为好朋友,为什么要这样做呢?因为它们可以从这段关系中获得好处——这些被筛选出来的朋友能给它们提供安全保障或者更多的食物。

和人类一样,并不是所有的火烈鸟都能和睦相处,关系不好的火烈鸟之间甚至都不会见面。

在数百万只火烈鸟中,你会发现许多由4~5只火烈鸟组成的小团体。

在动物界,专一且长久的友情和爱情都非常少见。即便如此,有的动物夫妇也会选择忠于彼此,相伴一生。

与人类不同,动物无法选择自己的敌人,弱肉强食是自然界的生存法则。

有时候,看似是敌人的两个动物,也有可能成为朋友,特别是当这段友谊能给它们带来保护或者食物的时候。

我们每天都能体验到各种情绪——快乐、害怕、担心、惊讶等，情绪可以通过我们的面部表情、生理反应和肢体动作表现出来，你也可以认为，是情绪帮助我们把内在的感受表达了出来。开心时大笑，难过时哭泣，这听起来是再简单不过的事情了，但是人类的情绪是可以伪装的，有些人会用笑容来掩盖内心的悲伤。与动物相比，我们有一个独特的天赋——语言表达能力，我们可以说出自己的想法和感受。让我们好好地利用这个天赋吧！

我们有情绪

孩子不会隐藏自己的感觉和情绪，你很容易察觉到他们是在生气还是在高兴。当他们看到自己喜欢的人时，喜悦的情绪就会全部写在脸上。

恐惧是所有生物与生俱来的情绪。当我们感到恐惧的时候，心跳会加快，我们会本能地寻求保护或者逃跑。

当我们受到伤害或者利益受到损害的时候，我们会感到愤怒。这是一种强大又复杂的情绪，它可以直接地告诉对方我们感到不满。当我们感到愤怒的时候，用语言沟通解决问题比大喊大叫、拳打脚踢更明智。

当我们失去心爱的人或者物的时候，有些人会哭，有些人则会面无表情。这种情绪叫作悲伤，它会帮助我们逐渐接受失去。

很长时间以来，科学家认为动物的行为是受本能驱使的，它们无法体会和表达自己的情绪。但是现在我们知道，事实并不是这样。无论是被饲养的动物，还是生活在大自然中的野兽，它们都能感知和表达情绪，只不过与人类不同的是，动物不会用语言表达。当动物感到快乐和满足的时候，它们的身体会变得很放松；当动物感到害怕的时候，它们会后退；当动物感到愤怒的时候，它们会摆出战斗姿势，准备攻击！

小狗怎么表达它们的快乐情绪呢？看看它们的肢体语言就知道了！

如果你看到小狗蹦蹦跳跳、摇动尾巴，甚至伸出舌头舔你，这说明它很喜欢你。

当动物感觉受到威胁的时候，它们要么逃跑，要么待在原地。动物害怕的时候，会有耳朵低垂、蜷缩颤抖等表现。

招惹一只愤怒的猫并不好玩！如果一只猫背部弓起、尾巴直立、毛发竖起，你最好离它远一点儿，不然它会毫不犹豫地张开利爪向你扑来。

如果有一只喜鹊去世，其他的喜鹊会站在它的身旁哀悼，就像在参加葬礼。长颈鹿、大象和大猩猩也有类似的哀悼仪式。

33

我们运动

人体的运动系统由肌肉与骨骼组成，在大脑的支配下，这些结构发挥了神奇的作用：我们的身体动起来了！随着我们不断长大，人体需要各种各样的运动方式来增强身体的机能。我们从简单的走路学起，逐渐掌握更复杂的动作，比如跑步、跳跃、攀岩和游泳，虽然我们的身体结构与其他的动物不同，但是我们有能力做一些相似的动作。不过我们也必须承认，人体是有局限性的，尽管它足够满足我们的日常动作需要和运动需求，但是仍然做不到像有些动物一样灵巧。

随着婴儿的身体逐渐发育成熟，他们的活动能力开始提高：之前只会爬行的婴儿开始蹒跚学步了！

在灵长类动物中，人类是非常独特的，因为我们可以直立行走！我们的身体已经完全适应了这种行动方式，所以我们不仅能站立和行走，还可以轻松地跑步和跳跃。

我们在水中会感觉很舒服，这是因为胎儿就是在母亲的羊水中长大的。成年人需要花一点儿时间才能学会游泳，小婴儿却可以在水中表现得很从容。

借助自行车、溜冰鞋和滑雪板，我们可以做更多的特殊动作。随着滑翔机、飞机等发明的出现，我们还可以尝试突破身体极限的运动。

与人类不同，动物们在自然界的活动范围非常广，所以它们的身体结构在适应自然的过程中不断进化，变得多种多样，只有适合当地自然环境的物种才能生存下来。尽管大部分动物的身体都是由肌肉和骨骼构成的，但是它们的身体构造方式还是会受很多因素影响，比如它们所生活的环境就是一个很重要的因素。大多数生活在水中的动物都长着鳍，而生活在高处的动物大多长着翅膀。不管怎样，动物都能充分发挥它们的运动能力。

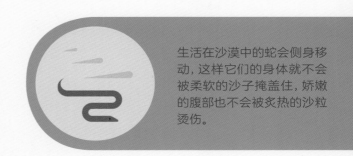

生活在沙漠中的蛇会侧身移动，这样它们的身体就不会被柔软的沙子掩盖住，娇嫩的腹部也不会被炙热的沙粒烫伤。

蛇即使没有腿也可以移动，它们可以蜿蜒爬行，利用身体与地面产生的摩擦力前进。

只有少数动物使用两条腿运动。鸸鹋跑 *ér miáo* 得飞快，袋鼠擅长跳跃。一些灵长类动物和熊也可以用两只后腿站立，不过它们行走的时候还是更喜欢四脚着地。

水中的动物各怀绝技：鱼儿扭动身体产生前进的动力；海龟靠前肢游动，后肢像舵一样控制方向；青蛙和水鸟则利用脚上的蹼在水里游动！

一些动物拥有独特的身体结构，这让它们能用人类做不到的方式运动。比如，长着翅膀的鸟类、蝙蝠和昆虫可以在天空中飞翔，有些松鼠和蛇也能在空中滑翔。

图书在版编目（CIP）数据

我们与它们 / （捷克）帕芙拉·哈娜科夫娃著；
（俄罗斯）达莎·列别舍娃绘；郑寅颖译. — 北京：中
国友谊出版公司，2023.6
　　ISBN 978-7-5057-5623-6

　　Ⅰ. ①我… Ⅱ. ①帕… ②达… ③郑… Ⅲ. ①人类—
关系—动物—普及读物 Ⅳ. ①Q958.12-49

中国国家版本馆CIP数据核字（2023）第065472号

著作权合同登记号　图字：01-2023-2704

The Things We Have in Common
©B4U Publishing, 2021
Member of Albatros Media Group
Author: Pavla Hanáčková
Illustrator: Dasha Lebesheva
www.albatrosmedia.eu
All rights reserved

书名	我们与它们
作者	[捷克] 帕芙拉·哈娜科夫娃
绘者	[俄罗斯] 达莎·列别舍娃
译者	郑寅颖
出版	中国友谊出版公司
发行	中国友谊出版公司
经销	新华书店
印刷	雅迪云印（天津）科技有限公司
规格	965×1194毫米　16开
	2.75印张　100千字
版次	2023年6月第1版
印次	2023年6月第1次印刷
书号	ISBN 978-7-5057-5623-6
定价	60.00元
地址	北京市朝阳区西坝河南里17号楼
邮编	100028
电话	（010）64678009